妙妙喵圖解生活科學 2

超能微波爐

文／胡妙芬

圖／朱家鈺、呼拉王

作者的話

　　在古代，科學就是哲學，是窮究萬事萬物真理的學問。不過對大部分人來說，不管是科學或是哲學，聽起來都有點莫測高深，有點令人望之生畏、難以親近的感覺。但是事實上，我們的生活裡到處都是科學，煮飯是科學，玩具中有科學，日夜變化是科學，自然萬象也都是科學。所以在日復一日的生活場景中，年幼的孩子們，怎麼可能不問科學的問題呢？純真好奇的他們，又怎麼可能不想知道這些科學現象背後的原理？這也就是為什麼，1934 年《十萬個為什麼》從蘇聯作家伊利亞‧雅科甫列維奇‧馬爾夏克的作品翻譯成中文以後，歷經近百年，不斷被改寫、擴充，直到現在仍受現代孩子的喜愛和歡迎。因為這是孩子們的需要，符合人類好奇求知的天性。

　　當然，這一套【妙妙喵圖解生活科學】並不只是十萬個為什麼，作者為了引發孩子的閱讀興趣，把科學學習「故事化」，設計出妙妙喵與跳跳蟲這兩個故事角色；並把科學內容「圖像化」，用故事與圖像生動、活潑的展現在孩子眼前。所以，在每個單元一開始，會有一頁簡單的漫畫先營造一個學習場景，等到好奇的小讀者跟著跳跳蟲一起提出問題時，後面的跨頁再加以引導，用一目了然的解說圖、剖面圖或流程圖，循序漸進的給出解答。在這個講究圖像學習的時代，複雜難解的科學內容，透過清楚、生動的圖畫解說，比起只用文字說明，解說性來得更強，也更容易消化。尤其對於文字閱讀還有點「卡卡」的小讀者，也可以輕鬆的透過讀圖，掌握作者想要表達的科學知識。

　　最後，並不是每個讀了妙妙喵的小朋友，以後都要當上科學家（作者自己也不是啊）。作者只希望在孩子們幼小的心田裡，播下一

些奇妙的種子，這些種子會長成「好奇」的樹，會開「樂趣」的花，讓人能夠時時加以欣賞，原來在我們看似平淡無奇的日常生活中，其實藏著這麼多豐富的內容，等待我們去追尋，只要我們肯挖掘，生活裡其實充滿有趣的祕密。

角色介紹

妙妙喵

一隻奇妙的母貓，來自智多星。喜歡戴頂帽子，最愛回答問題。換算成人類的歲數，正是三十歲當媽媽的年紀。經常下廚煮飯，餵飽跳跳蟲的肚子；也經常上網查資料，餵飽跳跳蟲的好奇心。目前和跳跳蟲住在一起，計劃等跳跳蟲長大以後，回到智多星學習更多科學與科技。

跳跳蟲

手臂長個子小，頭兒尖尖沒有腰。不是壞蟲，也不是跳蚤。最喜歡黏著妙妙喵，老想有一天能把妙妙喵問倒。平常調皮、愛熱鬧。偶爾闖禍，但事後一定會說對不起。只要好奇心發作，就一定打破砂鍋問到底。

目 錄

食物科學

科技應用

妙妙喵與跳跳蟲小劇場

自然萬象

颱風哪裡來？

颱風來的時候會怎麼樣？

颱風會刮起超強的風。 強風會吹倒招牌和大樹， 也會在海上吹起大海浪。

颱風還會帶來大雨。萬一下太多雨，山坡上的泥土吸了太多水，變太重，整個山坡還可能滑落下來，變成土石流。

颱風從哪裡來？

颱風是從熱帶來的，熱帶的太陽把海水晒熱，變成水蒸氣，上升到空中，慢慢形成颱風。

2 空中比較冷，熱的水蒸氣遇到冷，會變成雲。

1 海水被晒熱，變成水蒸氣，上升到天空中。

颱風眼

颱風眼的旁邊，是風雨最強的地方。

3 從海水變成的雲，越來越多，集合在一起，變成巨大的「積雨雲」。

4 積雨雲跟著地球自轉的力量而旋轉。

旋轉的速度越來越快，變成颱風了！

萬一颱風真的來了，怎麼辦？

我們事前要做好防颱準備啊！

海水為什麼是鹹的？

為什麼海水喝起來鹹鹹的？

因為海水裡有很多「鹽」，所以海水喝起來的味道又苦又鹹。鹽是維持身體健康的重要成分之一，所以人類從古時候開始，就會把海水煮乾或是晒乾，等水蒸發後，剩下的「海鹽」就可以加在飯菜裡，為食物增加美味。

一公升的海水裡，大約有35公克的海鹽。只要用陽光把海水晒乾，或是用火把海水煮乾，就會留下白色的鹽。

鹽的旅程

海裡的鹽，是從陸地上來的！

2 下雨的時候，鹽會溶進雨水裡面，跟著雨水到處流。

1 在地球的表面上，土壤和岩石裡到處藏著「鹽」。

3 雨水帶著鹽流進水溝、小河流……。

5 陽光照射大海，水會蒸發變成雲；但是鹽不會蒸發，所以海裡的鹽越積越多，就變得鹹鹹的了。

請你喝果汁！

海水太鹹了，我口好渴……

4 最後，幾乎所有的水和鹽，都會流進大海。

為什麼會有地震？

地板的震動從哪裡來？

當有大卡車經過、很重的東西掉落，或是有火山爆發時，我們腳下的地面都會跟著震動。但真正的地震大部分來自地下，從地球的內部傳到地上。

我們居住在一顆叫做「地球」的星球上面。地球的表面是冷的，但越往地下越滾燙。

地球裡面是什麼？

如果能把地球打開來看的話，會發現地球裡面是一層一層的，每一層都非常不一樣。

地球內部是很燙的岩漿。

原來地底下這麼燙！還好我們住的地殼表面很涼！

地球外面涼、裡面熱。每往地下深入1公里，平均變熱25℃。

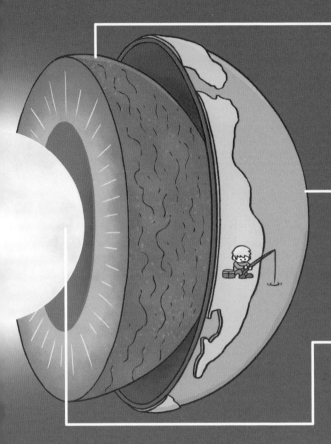

地函

是岩石，但是因為溫度超過1400℃，大部分熔化成「岩漿」，像液體一樣會流動。

地殼

是固體，由堅硬的岩石構成，就像堅硬的蛋殼包著雞蛋一樣。

地核

主要的成分是金屬，最高溫度6000℃！幾乎和太陽一樣熱。

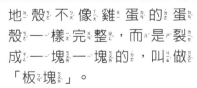

地殼不像雞蛋的蛋殼一樣完整，而是裂成一塊一塊的，叫做「板塊」。

板塊運動會造成「地震」

我們居住的板塊飄浮在岩漿上，跟著流動的岩漿移動。當板塊互相擠壓、裂開或移位時，就會感覺到地震了！

擠壓

地層互相擠壓，一塊壓在另一塊上面。

地底的岩漿溫度超過 1400℃，會像滾燙的熱水一樣上下流動。所以飄浮在岩漿上的板塊也會跟著移動。

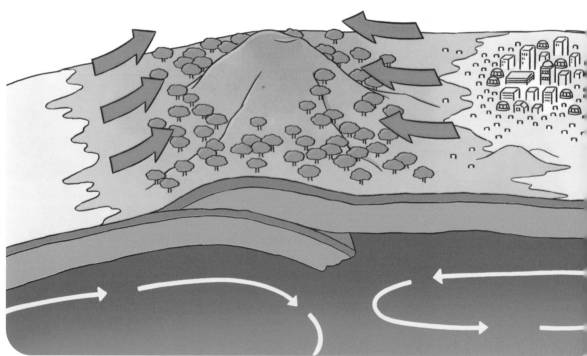

裂開

地ㄉㄧˋ層ㄘㄥˊ裂ㄌㄧㄝˋ開ㄎㄞ。

移位

地ㄉㄧˋ層ㄘㄥˊ移ㄧˊ動ㄉㄨㄥˋ。

又ㄧㄡˋ地ㄉㄧˋ震ㄓㄣˋ啦ㄌㄚ！

原ㄩㄢˊ來ㄌㄞˊ我ㄨㄛˇ們ㄇㄣ˙腳ㄐㄧㄠˇ底ㄉㄧˇ下ㄒㄧㄚˋ踩ㄘㄞˇ的ㄉㄜ˙地ㄉㄧˋ層ㄘㄥˊ會ㄏㄨㄟˋ移ㄧˊ動ㄉㄨㄥˋ啊ㄚ～

為什麼會有聲音？

物體振動而有聲音

聲音是物體振動產生的。在日常生活中，只要仔細的觀察，很容易就可以感覺得到。

跟著下面的指示做做看吧！

用手摸喉嚨，發出「啊——」的聲音。

播放音樂時，用手摸音箱。

敲鼓時，用手觸摸鼓的表面。

樂器會發出聲音也是因為振動嗎？

敲！敲！敲！打擊樂器

有些樂器只要被敲擊或拍打，樂器本身就會振動，發出聲音。

鼓

鐵琴

打鼓時，大鼓的鼓面振動慢，聲音比較低沉；小鼓的鼓面振動快，聲音比較高。

敲打長鐵片時，振動的比較慢，會發出低音；而短鐵片振動比較快，會發出高音。

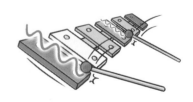

彈！ 彈！ 彈！ 弦樂器

有些樂器有一條一條長長的「弦」。只要彈或拉這些弦，弦就會振動，發出美妙的音樂。

吉他

小提琴

琴弦有彈性，容易振動發出聲音。粗的弦振動慢，發出來的聲音比細的弦低。

吉他和提琴有個大肚子，琴弦的振動會讓肚子裡的空氣一起振動，使聲音放大。

吹！ 吹！ 吹！ 管樂器

管樂器有長長的管子。把空氣吹進管子裡，使空氣在管子裡產生振動，就會發出高低不同的聲音。

直笛

喇叭

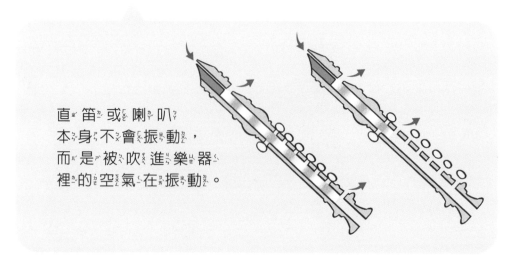

直笛或喇叭
本身不會振動，
而是被吹進樂器
裡的空氣在振動。

我們如何聽到這些樂器的聲音？

樂器振動會讓空氣也跟著振動，空氣把振動傳進我們的耳朵裡，我們就能聽到美妙的聲音。

空氣是看不見的小分子，樂器的振動會使小分子們也跟著振動，形成「音波」傳進我們的耳朵。

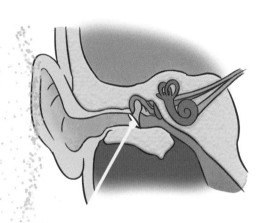

耳膜

耳朵裡有一層薄薄的「耳膜」。耳膜會隨著空氣而振動，把聲音傳進耳朵，轉變成神經訊號，沿著神經傳進我們的大腦，讓我們聽到聲音。

還是樂器的聲音好聽！妙妙喵，你別再唱啦～

動物植物

植物也要睡覺嗎？

植物也需要睡覺嗎？

人類要睡覺才有精神，有些植物也會在固定的時間閉合或下垂，就像睡覺一樣，叫做「睡眠運動」。

每天傍晚，酢漿草的花和葉子就會下垂，開始「睡覺」，到第二天早上才重新打開。常見的花生、蒲公英、含羞草也都會睡覺。

大樹也會睡覺，他們睡覺時樹枝會垂下來，但是因為不明顯，我們通常看不出來。

植物也要睡覺嗎？

植物會在什麼時候睡覺？

我會在白天吸收陽光，製造養分。

含羞草

我趁白天趕快睡覺！

夜來香

白天晒太陽會讓我快快長大！

地瓜葉

中午太陽最大，地瓜葉為了保留水分，葉片會下垂睡午覺；到了下午，太陽比較小了，葉子又會恢復原本的樣子。

含羞草

晚上沒陽光，比較冷；含羞草喜歡在晚上把葉子閉起來睡覺，保持溫暖。

夜來香

夜來香靠蛾類傳遞花粉。蛾類在夜晚活動，所以夜來香在晚上開花。

地瓜葉

你們有發現我晚上不睡覺嗎？

好睏，我們也該睡了……

仙人掌爲什麼刺刺的？

1

唉唷！好痛！

原來是被仙人掌刺到了。

2

3

仙人掌好壞，為什麼要長刺來刺別人呢？

其實仙人掌不壞，它長刺只是為了保護自己。

4

5

仙人掌為什麼要長刺？

仙人掌的家鄉是在「沙漠」或「半沙漠」，很少下雨，所以它們得把水儲存在「莖」裡，才能活下去。可是寶貴的水會吸引又餓又渴的小動物來吃它們，仙人掌只好用刺嚇走牠們。

嗚，好痛！

仙人掌有刺，我們還是別吃了吧！

猜猜看，仙人掌的刺是怎麼來的？

❶ 仙人掌起雞皮疙瘩。

❷ 仙人掌的花掉落後長刺。

❸ 仙人掌的葉子退化成刺。

❸：案答確正

仙人掌的葉子退化成刺

植物的水分會從葉子上的「氣孔」飛走。仙人掌為了省水而讓葉子變得又細又小，就能安心的把水分儲藏在各種形狀的莖裡，不怕水分浪費掉了。

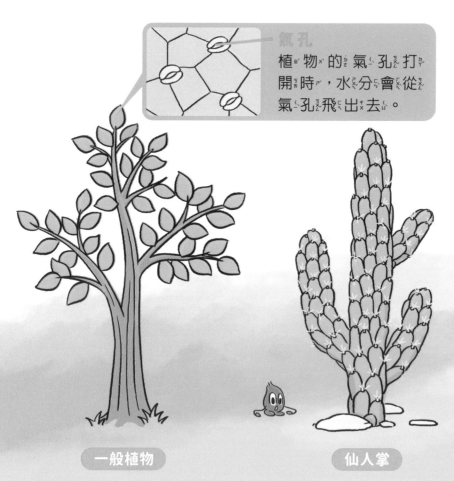

氣孔
植物的氣孔打開時，水分會從氣孔飛出去。

一般植物
葉子很大，上面有很多氣孔，所以水分很容易跑掉。

仙人掌
葉子又細又小，幾乎沒什麼氣孔，水分不容易跑掉。

三角柱仙人掌的橫切面是三角形。

柱形仙人掌

扇形仙人掌

三角柱仙人掌

球形仙人掌

上方仙人掌的形狀分別像什麼？

圓柱

扇子

皮球

三角柱

火龍果就是一種仙人掌的果實

仙人掌的長相雖然奇怪，但是會開出美麗的花，結成好吃、多汁的果實。我們常吃的火龍果，就是一種會攀爬的三角柱仙人掌的果實喔！

火龍果樹的莖裡儲存很多水分，會代替葉子製造養分。

火龍果樹會在傍晚時分開白色的花，並在第二天早上凋謝。

花凋謝以後，會長出綠色的果實。

綠色的果實慢慢成熟、變紅，最後變成紅通通又香甜好吃的火龍果。

仙人掌的花很鮮豔、很漂亮。

火龍果真好吃，我不會再生仙人掌的氣了！

仙人掌為什麼刺刺的？

雞蛋為什麼圓圓的？

母雞為什麼不會壓破雞蛋？

雞蛋的兩端，一頭鈍、一頭尖，但都是圓圓的。這是因為圓拱形特別耐壓，所以雞媽媽孵蛋時才不容易壓破雞蛋。

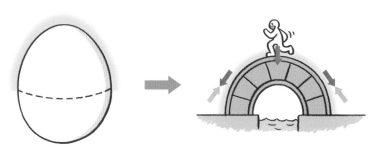

蛋殼的形狀是「圓拱形」，就像人類打造的拱橋或圓形屋頂一樣。

原來如此，那我就不用擔心要減肥啦！

圓拱形很堅固，能把受到的力量分散到蛋殼其他地方，所以雞蛋不容易被壓破。

硬硬的蛋殼是怎麼來的？

一開始，在雞媽媽的肚子裡只有蛋黃。接著，蛋白慢慢的出現，包在蛋黃外面。直到雞蛋快被生出來之前，才包上蛋殼。

雞蛋裡有什麼？

蛋殼可以保護雞蛋，不讓壞菌跑進雞蛋裡，蛋裡的小雞才能安全長大。蛋黃裡的小白點未來可以長成小雞。

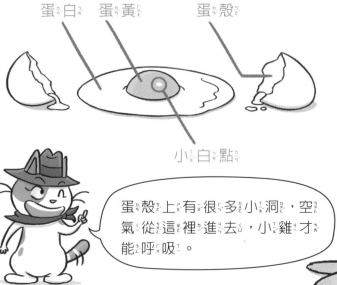

蛋白　蛋黃　蛋殼

小白點

蛋殼上有很多小洞，空氣從這裡進去，小雞才能呼吸。

❶ 母雞的卵巢會製造一顆顆蛋黃。

❷ 蛋黃進入負責輸送蛋、叫做「輸卵管」的小管子中。

❸ 輸卵管製造蛋白，包在蛋黃的外面。

輸卵管

蛋白

蛋殼

蛋黃

雞蛋生出來了！

❹ 蛋白越長越多。

❺ 蛋快被生下前，輸卵管會製造特殊黏液，薄薄的包在最外層，然後會漸漸變硬，變成蛋殼。

雞蛋為什麼圓圓的？　**43**

人類也會生蛋嗎？

會生蛋的動物叫做「卵生動物」。而人類跟貓、狗一樣不會生蛋，都是直接生出寶寶，這樣的動物叫做「胎生動物」。

卵生動物

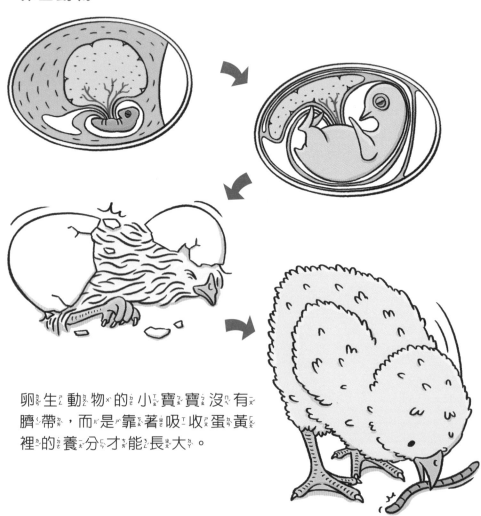

卵生動物的小寶寶沒有臍帶，而是靠著吸收蛋黃裡的養分才能長大。

胎生動物

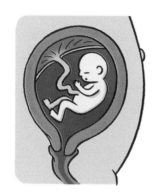

胎生動物的小寶寶肚子上有臍帶。他們在媽媽肚子裡的時候，從臍帶吸收媽媽的營養，慢慢長大。

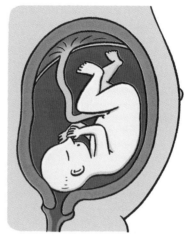

沒有媽媽就沒有我，我突然好想媽媽喔！

妙妙喵，你怎麼了？

植物會吃人嗎？

食蟲植物會吃「蟲」

植物需要營養成分「氮」。當土壤裡缺少「氮」時，植物只好吃蟲來補充，這種植物就叫「食蟲植物」。

「氮」是一種營養素，不是雞蛋的「蛋」喔！

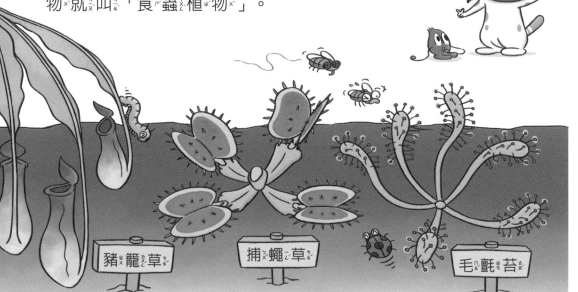

豬籠草　　捕蠅草　　毛氈苔

世界上有五、六百種食蟲植物，大多生長在土壤養分不足的地方。

想想看，食蟲植物用什麼方法來抓昆蟲？

① 用黏的

好吃，請進！

② 用騙的

③ 用咬的

正確答案：①②③

食蟲植物抓住昆蟲的方法

毛氈苔 黏住昆蟲

毛氈苔葉子上的腺毛很黏，只要一靠近，小昆蟲被黏住就逃不了了。

1
毛氈苔葉子上的腺毛會分泌香甜汁液吸引昆蟲。

2
這種汁液很黏，昆蟲吃完就被黏住不能動了。

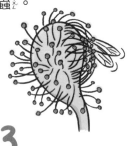

3
毛氈苔的葉子會慢慢包住昆蟲，吸收牠的養分。

嗚，早知道就不貪吃了……

葉子

腺毛

黏液

4
吸光養分後，葉子會重新打開。

豬籠草 是小陷阱

豬籠草有「籠子」造型的捕蟲器。籠子很滑，昆蟲掉進裡面，就像掉進陷阱中，爬不出來。

口蓋

捕蟲器

消化液

1

豬籠草的口蓋會製造蜜汁，引來昆蟲。

2

昆蟲掉進小籠子裡，因為籠子很滑，爬不出來。

3

籠子底部的液體會消化昆蟲的身體，吸收牠們的養分。

植物會吃人嗎？　**49**

捕蠅草 像捕獸夾

捕蠅草的葉子像兩個大夾子，當夾子一闔上，昆蟲就變成捕蠅草的點心。

感覺毛

葉子

1

捕蠅草葉子邊緣會分泌香甜的汁液，吸引昆蟲。

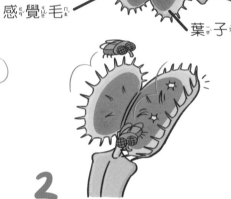

2

昆蟲飛進來，連續碰到感覺毛兩次。

好險！

3

捕蠅草的葉子快速關起來。

救命啊～

4

葉子用四到五天的時間消化、吸收昆蟲的養分。

狸藻 會「吸」蟲

狸藻有許多會吸水的捕蟲囊，被吸進來的小動物，進得來、出不去，最後就被狸藻吃光光了。

葉子　　剛毛

瓣蓋

捕蟲囊

1

小動物不小心碰到剛毛，就像打開開關，會讓捕蟲囊突然吸水。

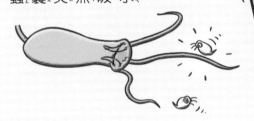

2

捕蟲囊吸水的時候，順便把小動物吸進來。

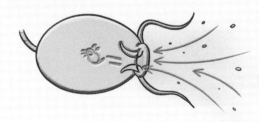

3

瓣蓋關上。小動物出不去，成為狸藻的養分。

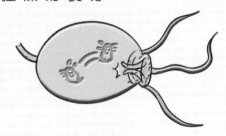

生活日常

氣球飄去哪？

氣球為什麼會飄走？

不是每一種氣球都會飄，會飄的氣球裡通常灌滿了「氦氣」。因為氦氣比空氣輕，所以只要一鬆開，氣球就會往上飄。

氦氣比空氣輕

氦氣球飄上去了。

用嘴巴吹出的氣比空氣重

自己吹的氣球不會飄。

氣球會飄回來嗎？

氣球不會飄回來。它會越飛越高，越變越大；最後在天空中脹破，掉回地面上。

空中有風，風會把氣球吹到我們看不見的遠方。

氦氣比空氣輕。氦氣球會自動飄上去。

氣球會一邊上升，一邊變大。因為在越高的空中，氣壓越小；氣球就會慢慢變大。

碰！

氣球脹到太大，破掉了。

沒有氣的氣球掉下來，最後掉在山上、海邊或其他遙遠的地方。

掉下來的氣球變成垃圾了。

越寫越短的鉛筆

為什麼鉛筆會越寫越短呢？

寫字的時候，鉛筆的筆芯會被凹凸不平的紙張表面刮下來，所以鉛筆會越寫越短！

鉛筆的筆芯主要是用「石墨」做成的。

石墨被刮成粉末，留在紙上了。

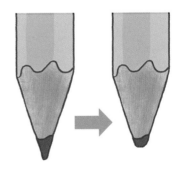

筆芯變短了。

越寫越短的鉛筆

為什麼鉛筆可以用橡皮擦，其他筆卻不行呢？

鉛筆

鉛筆的石墨只是留在紙的表面，橡皮擦可以輕鬆把它們黏起來，所以可以擦乾淨。

蠟筆

蠟筆的顆粒和鉛筆一樣會留在紙上，但蠟會滲進紙張裡，用橡皮擦擦不掉。

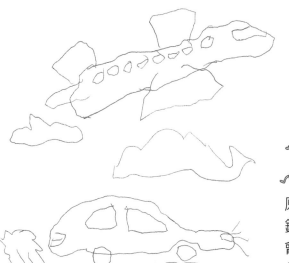

原子筆

原子筆的筆尖有一顆小鋼珠。寫的時候，鋼珠會跟著轉動，順便把筆芯裡的墨水帶到紙上。

彩色筆

彩色筆和原子筆的墨水都被紙吸進去了，用橡皮擦擦不掉。

原來每一種筆都不一樣！

爲什麼磁鐵能吸住冰箱？

為什麼叫做「磁鐵」呢？

我們常見的「磁鐵」並不是真正的「鐵」；
它的名稱是從「慈愛的石頭」演變而來的。

> 我沒看過這種石頭耶。

> 太神奇了！

古時候的人們在野外撿到一種黑色的石頭。

發現這種石頭竟然能吸住鐵塊！

> 這種石頭互相吸引，就像慈愛的母親緊緊抱著孩子一樣，就叫它「慈石」吧！

> 天然磁石是一種含有鐵的礦物，被叫做「磁鐵」。

後來，文字經過演變，變成「磁石」。

為什麼磁鐵能吸住冰箱？

磁鐵為什麼會吸住冰箱？

磁鐵吸不住紙張、塑膠罐、玻璃瓶和衣服，卻可以吸在冰箱上。那是因為冰箱門裡包著一層「鐵」。磁鐵吸住冰箱的力量就叫「磁力」。

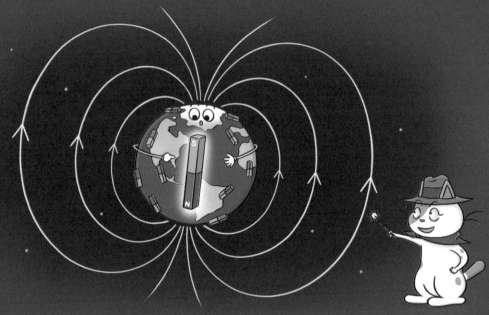

地球就像一塊大磁鐵，也有磁性。我們手上的磁鐵如果能自由轉動，被吸引指向北方的，叫做「指北極」；指向南方的，叫做「指南極」。

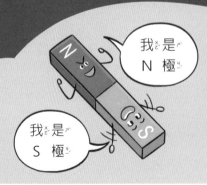

我是
N 極

我是
S 極

磁鐵的兩端磁力特別強，一邊叫做指北極，代號是「N」。一邊叫做指南極，代號是「S」。

異極相吸

N 極靠近 S 極的時候，N 極和 S 極會互相吸引，這叫做「異極相吸」。

同極相斥

但是 N 極和 N 極靠近的時候，就有一股力量把它們互相推開、排斥，讓它們無法接近。

S 極靠近 S 極的時候也一樣，這叫做「同極相斥」。

雖然我們看不見，但是冰箱門的鐵板裡，就像藏著無數的小磁鐵，只是平常排得亂七八糟，所以顯得沒有磁性。

而磁鐵裡的小磁鐵都朝著同一個方向整齊的排好，所以有很強的磁性。

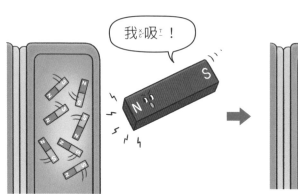

我吸！

當磁鐵靠近冰箱門的時候，磁鐵發出的磁力，會讓鐵板裡的小磁鐵改變位置、重新排列整齊。

太好了，吸住了。

磁鐵和冰箱門的鐵板就可以緊緊吸住了！

冰箱磁鐵小遊戲

拿ㄋㄚˊ出ㄔㄨ冰ㄅㄧㄥ箱ㄒㄧㄤ磁ㄘˊ鐵ㄊㄧㄝˇ和ㄏㄜˊ幾ㄐㄧˇ個ㄍㄜˋ鐵ㄊㄧㄝˇ製ㄓˋ迴ㄏㄨㄟˊ紋ㄨㄣˊ針ㄓㄣ，依ㄧ照ㄓㄠˋ步ㄅㄨˋ驟ㄗㄡˋ試ㄕˋ試ㄕˋ看ㄎㄢˋ：

1 先ㄒㄧㄢ吸ㄒㄧ住ㄓㄨˋ第ㄉㄧˋ一ㄧ個ㄍㄜˊ迴ㄏㄨㄟˊ紋ㄨㄣˊ針ㄓㄣ。

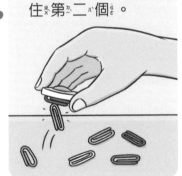

2 再ㄗㄞˋ用ㄩㄥˋ第ㄉㄧˋ一ㄧ個ㄍㄜˊ吸ㄒㄧ住ㄓㄨˋ第ㄉㄧˋ二ㄦˋ個ㄍㄜˊ。

3 再ㄗㄞˋ用ㄩㄥˋ第ㄉㄧˋ二ㄦˋ個ㄍㄜˋ吸ㄒㄧ住ㄓㄨˋ第ㄉㄧˋ三ㄙㄢ個ㄍㄜˊ。

4 重ㄔㄨㄥˊ複ㄈㄨˋ這ㄓㄜˋ個ㄍㄜˋ動ㄉㄨㄥˋ作ㄗㄨㄛˋ，看ㄎㄢˋ看ㄎㄢˋ最ㄗㄨㄟˋ多ㄉㄨㄛ能ㄋㄥˊ吸ㄒㄧ住ㄓㄨˋ幾ㄐㄧˇ個ㄍㄜˊ迴ㄏㄨㄟˊ紋ㄨㄣˊ針ㄓㄣ呢ㄋㄜ？

我ㄨㄛˇ吸ㄒㄧ住ㄓㄨˋ四ㄙˋ個ㄍㄜˋ！

好ㄏㄠˇ棒ㄅㄤˋ！

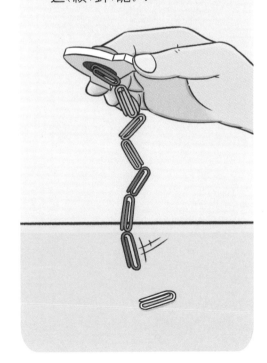

為什麼磁鐵能吸住冰箱？

為什麼按煞車，腳踏車就會停？

腳踏車握把的煞車上連著一條「煞車線」，
按下煞車會拉緊煞車線，並且讓煞車片夾住
車輪，車輪就會乖乖停下來了。

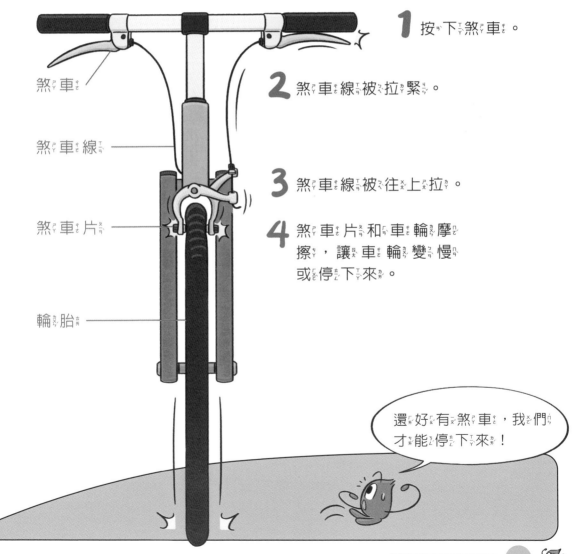

1 按下煞車。

2 煞車線被拉緊。

3 煞車線被往上拉。

4 煞車片和車輪摩擦，讓車輪變慢或停下來。

煞車

煞車線

煞車片

輪胎

還好有煞車，我們才能停下來！

為什麼踩踏板，腳踏車就會前進？

請仔細觀察這輛腳踏車，你有沒有找到「腳踏板」、「齒輪」和「鏈條」呢？就是這三個重要結構的合作，才能讓腳踏車順利前進喔！

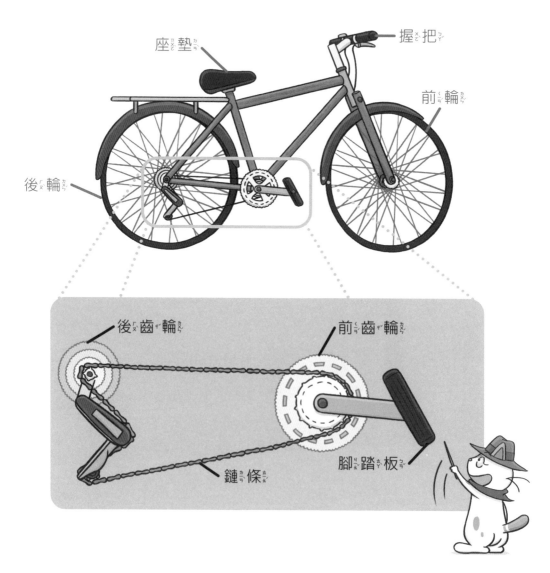

❶ 腳踏板連著前齒輪。腳踏板踩一圈，前齒輪就會跟著轉動一圈。

❷ 鏈條卡在齒輪上，當齒輪轉動時，鏈條就會跟著動。

❸ 鏈條帶動後齒輪轉動。

❹ 後齒輪和後輪的輪軸相連。後齒輪轉動，後輪就跟著轉動。

❺ 後輪往前轉動，會推動前輪，使腳踏車前進。

腳踏車前進了！

為什麼車輪是圓的？

從五千多年以前，人類就開始使用圓形的輪子了。因為三角形、四方形輪子的車，在平地上騎不動；只有圓形輪子的車，才能在平地上平穩的前進。

三角形和四方形車輪的車子，只有在特殊形狀的路面上才能前進。

一般的路都是平的，所以還是圓形車輪最好嘍！

只有圓形車輪，能在平地上平穩的前進。

在平地上，三角形車輪和四方形車輪很難轉動。

哇～騎車去玩了！

食物科學

香蕉為什麼會變黑？

冰過的香蕉為什麼會變黑？

香蕉是生長在熱帶的水果，非常怕冷，如果把香蕉放進冰箱，香蕉皮會受傷、變黑，但不是壞掉，裡面的香蕉還是可以吃。

如果溫度低於 13 度，香蕉就會因為太冷而開始變黑。

香蕉如果被撞傷、切開，也會變黑喔！

為什麼香蕉會彎彎的？

香蕉樹上的香蕉是由上往下、一串一串的長出來，為了不要壓到新長出來的香蕉，香蕉就變得彎彎的了。

香蕉樹長出苞片，準備開花了。苞片是一種特殊的葉子，負責保護香蕉的花。

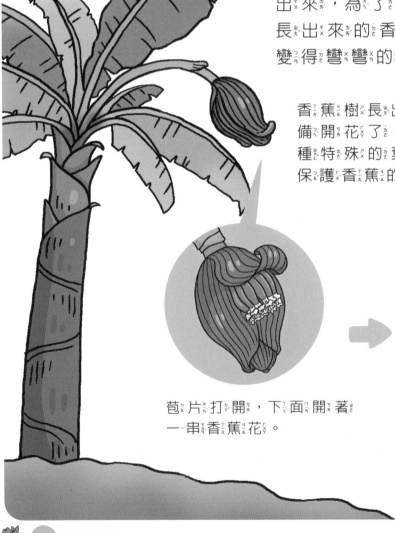

苞片打開，下面開著一串香蕉花。

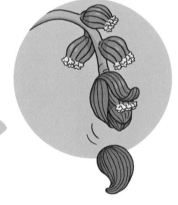

下面的苞片一層一層打開，苞片會掉下來。

香蕉一邊長大，
一邊開始往上彎。

變成彎彎又
好吃的香蕉了！

香蕉花結成的小
香蕉，這時候還是
直直的。

記得別再把香
蕉拿去冰了。

我知道了。

為什麼水果成熟會變色？

大部分的水果還沒有成熟以前都是綠色的；那是因為果皮裡含有很多「葉綠素」。水果成熟的時候，葉綠素會慢慢消失，讓水果變成其他顏色。

水果會放出一種叫做「乙烯」的氣體，讓自己慢慢變熟。還沒成熟的水果，吃起來又酸、又硬。成熟以後的水果才會變軟、變甜，而且發出好聞的香味。

吃水果要耐心的等它變成熟喔！

嗯～好香！

黃色、橘色或紅色的外表會有什麼好處？

香甜的水果裡，包著果樹的種子。果樹希望有其他的動物來吃水果，順便把吃剩的種子帶到其他地方播種，幫果樹繁殖下一代。所以成熟的水果經常變成黃色、橘色或紅色，這樣的顏色很鮮明，可以讓小動物大老遠就看到水果在哪裡。

我的果實還沒有熟，別過來！

水果成熟後，黃色、橘色、紅色的外表很鮮豔，遠遠就能吸引動物來吃水果，順便幫忙將水果裡的種子散播出去。

我的果實成熟了，快來吃吧！

有些種子會被動物吞進肚子裡，再跟著糞便被大到地上。

長出小樹了。

真是太美妙了！

動物吃完水果以後，有些種子會被吐在地上。

為什麼吃水果要等它變色？ **83**

為什麼蝦子煮熟了會變紅色？

蝦子的外殼，含有藍綠色的色素和蝦紅素。蝦子會變紅的祕密就藏在蝦紅素裡。

1

橘紅色的蝦紅素平常是藏在藍綠色的色素裡，所以生的蝦子看起來是藍綠色的。

2

加熱時，藍綠色的色素會被破壞，失去顏色。

3

蝦紅素不會怕熱，所以煮熟的蝦子會變成橘紅色。

你快教我怎麼看！

火鍋食材變變變

火鍋裡的其他食物加熱了，也會變得不一樣。把它們全部煮熟再吃，才會營養、好吃又健康。

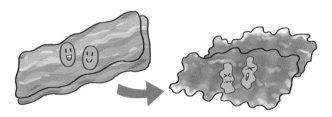

生的肉片裡有「肌紅素」，所以看起來紅紅的。煮熟後，肌紅素被破壞，肉片就變色了。

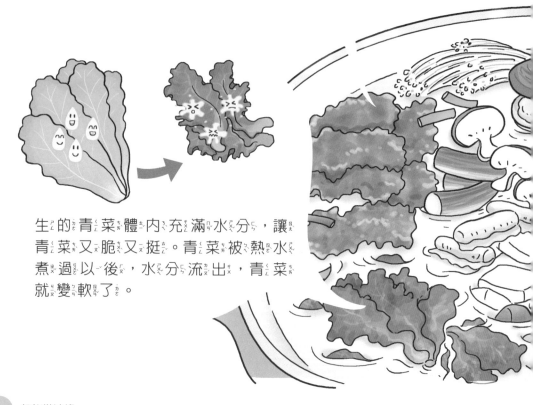

生的青菜體內充滿水分，讓青菜又脆又挺。青菜被熱水煮過以後，水分流出，青菜就變軟了。

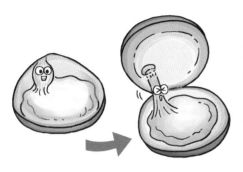

蛤蜊平常用「閉殼肌」把殼關緊。閉殼肌被煮熟後，抓不住殼，殼就打開了。

還沒煮的冬粉又硬又乾，是白色的。煮熟的冬粉吸水膨脹後，就變成半透明的。

等等我啊！

我等不及要先開動了！

火鍋裡的蝦子變紅色！ 87

科技應用

電扶梯跑哪去了？

電扶梯可以換方向嗎？

電扶梯載著大家用一樣的速度前進，很輕鬆、很快又安全。

搭電扶梯真輕鬆！

好累，電扶梯換方向我們就可以找到對方了啊！

唉唷！

差點摔倒啦！

如果突然停止電扶梯，或改變電扶梯的方向，我們的身體會往前倒，就像坐車時突然煞車一樣。

電扶梯要由管理員控制才能改變方向。

電扶梯的運作方式

電扶梯的階梯沒有不見，
只是轉到地下了。

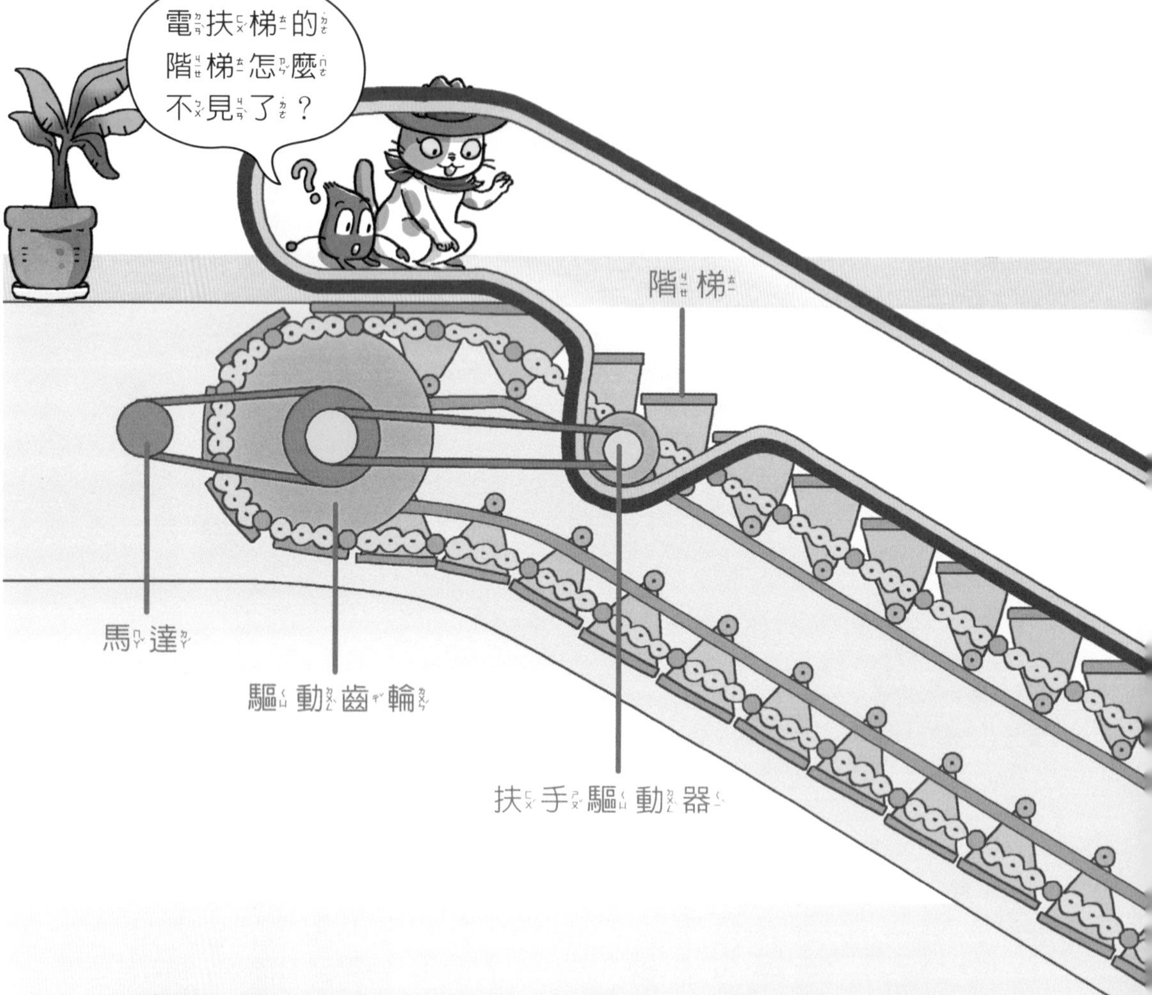

電扶梯的
階梯怎麼
不見了？

階梯

馬達

驅動齒輪

扶手驅動器

電扶梯的馬達不停的轉動，會帶動鏈條、
齒輪和階梯。電扶梯到最尾端的地方，階
梯好像消失不見了，其實它是進到地下繼
續轉，然後從另一端轉出來。

避免碰頭

扶手也會轉進地下，繞過扶手驅動器，再從另一邊繞回來。

扶手

電扶梯一直轉，不會累嗎？我看得眼睛都花了。

電扶梯跑哪去了？　93

五顏六色的煙火

彩色煙火的祕密是「金屬」。不同的火藥裡，含有不同的金屬粉末，爆炸時就會放出不同顏色的火光！

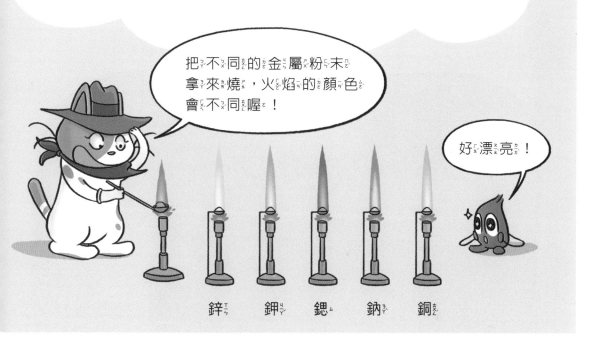

把不同的金屬粉末拿來燒，火焰的顏色會不同喔！

好漂亮！

鋅　鉀　鍶　鈉　銅

猜猜看，這是什麼？

❶ 人偶的頭

❷ 皮球

❸ 煙火球

❸：案答確正

煙火球怎麼製作出來的？

煙火是由煙火球爆炸而成的。把光珠和火藥依設計排列好，放進煙火球，再加上引信，用紙黏起來，就可以準備放煙火了！

煙火的祕密

光珠
使用金屬粉末製作，會發出不同顏色的火光。

火藥
用硫磺、木炭和硝酸鉀混合製成。

薄紙
將光珠和火藥隔開。

發射升空用的火藥
爆炸時會把煙火球推向高空。

引信
火會沿著引信燒進煙火球裡。

煙火圖案變變變

把光珠和火藥排在不同的位置，就能炸出不同圖案和顏色的煙火。

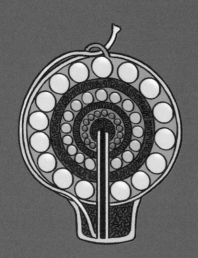

煙火球做好了，我們去放煙火吧！

猜猜看，這顆煙火球，會爆炸出什麼圖案的煙火呢？

❶笑臉

❷香蕉

❸愛心

❶：案答翻正

施放美麗的煙火

施放煙火，要準備炮管。把煙火球放進炮管裡，然後將炮管對準煙火要發射的方向。一點火，煙火球就會飛上天空，爆炸出美麗的煙火！

如果沒有炮管，煙火球可能會到處亂飛喔！

光珠和火藥的排法

炮\g_{ㄠ}管\g_{ㄍㄨㄢˇ}可\g_{ㄎㄜˇ}以\g_{ㄧˇ}用\g_{ㄩㄥˋ}沙\g_{ㄕㄚ}子\g_{˙ㄗ}或\g_{ㄏㄨㄛˋ}其\g_{ㄑㄧˊ}他\g_{ㄊㄚ}方\g_{ㄈㄤ}法\g_{ㄈㄚˇ}固\g_{ㄍㄨˋ}定\g_{ㄉㄧㄥˋ}方\g_{ㄈㄤ}向\g_{ㄒㄧㄤˋ}，讓\g_{ㄖㄤˋ}煙\g_{ㄧㄢ}火\g_{ㄏㄨㄛˇ}球\g_{ㄑㄧㄡˊ}順\g_{ㄕㄨㄣˋ}著\g_{˙ㄓㄜ}炮\g_{ㄠ}管\g_{ㄍㄨㄢˇ}的\g_{˙ㄉㄜ}方\g_{ㄈㄤ}向\g_{ㄒㄧㄤˋ}飛\g_{ㄈㄟ}出\g_{ㄔㄨ}去\g_{ㄑㄩˋ}。

科技應用

煙火為什麼五顏六色？　99

是誰在開飛機？

① 哇，第一次搭飛機出去玩了喔！

② 飛機要起飛了，繫好安全帶才安全。

③ 飛機小姐好漂亮喔！

④ 那叫「空服員」，不是飛機小姐！

⑤ 飛機的「司機」在哪裡呢？我想看看他。

駕駛飛機的人在哪裡？

負責駕駛飛機的人叫做「機長」，他的座位就在機頭的「駕駛艙」。為了飛機的飛行安全，飛機的乘客不能隨便進去參觀。

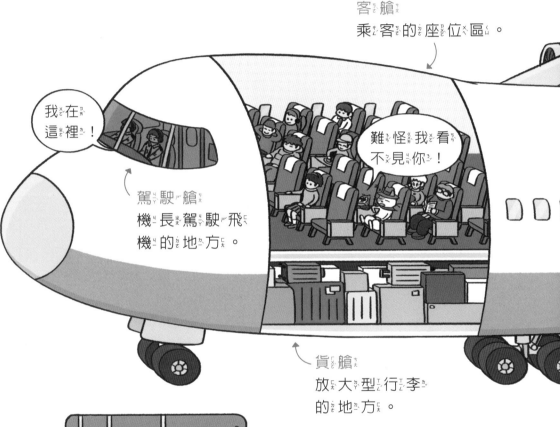

客艙
乘客的座位區。

我在這裡！

難怪我看不見你！

駕駛艙
機長駕駛飛機的地方。

貨艙
放大型行李的地方。

飛機上的工作人員都得穿制服，而制服上有四條金色條紋的就是機長。

機長怎麼開飛機？

駕駛艙裡除了機長，還有副駕駛。當機長在開飛機時，副駕駛也會認真的一起幫忙確定飛機飛得很安全。如果機長臨時無法駕駛，飛機就由副駕駛來開。

導航／飛行儀表
顯示速度、高度和方向等各種飛行資料。

機長

駕駛操縱桿
控制飛行的角度。

發動機油門桿
控制飛機的快慢，就像汽車的油門一樣。

晚上在高空飛行時，怎麼辦？

機長可以按下「自動飛行」的按鈕，讓飛機按照事先輸入的資料「自動駕駛」。

頭頂開關面板
電力、燃油、空調、燈光、警示燈等設備開關。

副駕駛

發動機性能表
顯示引擎和機械運轉的狀況。

機長不用睡覺嗎？

機長也需要睡覺喔！當機長和副駕駛輪流去休息時，也必須隨時保持駕駛座上有人；就算去上廁所，也得請空服員進駕駛艙幫忙確認安全喔！

飛機準備起飛了！

飛機起飛的時候，先用輪子在跑道上往前衝，然後機身向上一抬，就一飛衝天！這麼巨大的飛機，到底是怎麼飛起來的呢？

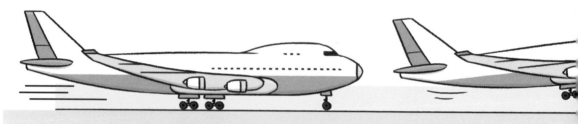

❶ 加速滑行　　　　　❷ 拉抬機頭

飛機怎麼起飛呢？

向前

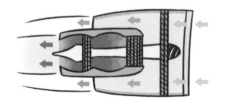

飛機兩側機翼下方的噴射引擎向後噴射氣流，把飛機往前推，產生「向前」的速度。

向上

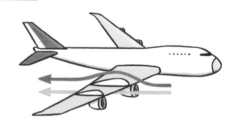

飛機的機翼和鳥兒的翅膀一樣，切開來都是 ⌒ 的。

飛機的輪子平常收在
機身裡，只有起飛和降
落時，才會放下來，可
以減少阻力和省油。

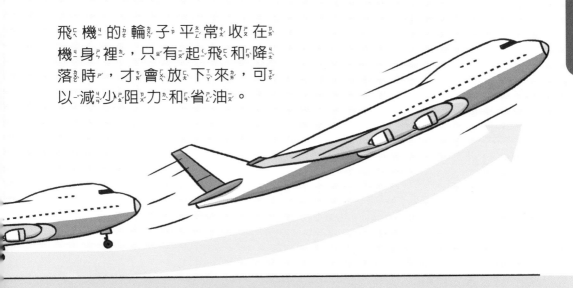

③ 離地起飛

快速前進時，機翼
下方的空氣會把
飛機往上抬，是飛
機「向上」的力量。

飛機有了向前
的推力和向上
的升力，自然
就能飛起來。

哇，飛機飛
起來了！機
長好厲害！

微波爐為什麼沒有火？

微波爐不用火，它會發射看不見的「微波」，用很快的速度煮熟食物。

1 打開微波爐的門，把要煮的食物放進去。

2 關上微波爐的門，設定要微波幾分鐘後，按下「開始」按鈕，食物就會在微波爐的轉盤上轉動。

控制火力大小的旋鈕

控制微波時間的旋鈕

電源開關

好了！吃午餐啦！

好快！

「微波」從哪裡來？

「微波」是微波爐裡的祕密武器。它像光一樣在微波爐裡直線前進和反彈，能快速加熱食物，但是我們看不見。

磁控管

「微波」從這裡朝「反射扇」發射出去。

反射扇

不停的旋轉，把「微波」反射到各個不同的角落。

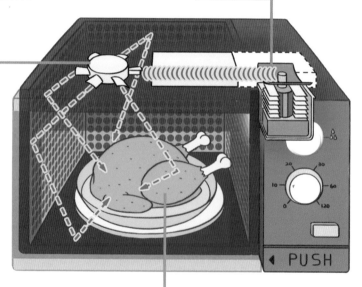

PUSH

微波爐壁面和門裡都包著金屬，可以擋住微波，不讓微波照射到外面。

食物

「微波」穿透容器，開始加熱食物。

依-照紫順磐序玉，就紫能逐知±
道「微や波乏」是於怎麼麼麼加紫
熱影食於物×。

1 食於物×中餐充餐滿影許菩多馨
水裂分等子於。

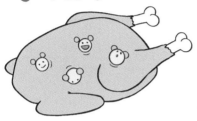

2 照紫射影「微や波乏」之⋆
後菜，會菜使於水裂分等子於
快裂速如振菜動發。

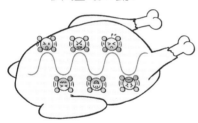

3 快裂速如振菜動發的發水裂分等
子於互系相振摩影擦菜、發等
熱影，食於物×就紫會菜被裂
煮紫熟沒。

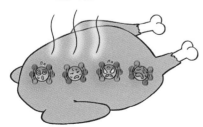

猜一猜，哪些食物不適合放進微波爐加熱呢？

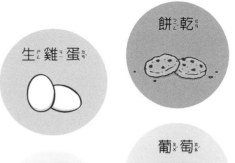

餅乾

生雞蛋

葡萄

金屬罐裝飲料

湯麵

白開水

辣椒

雞腿

正確答案：請見 110 ~ 111 頁

微波爐怎麼煮熟食物？ **109**

哪些東西不能用微波爐加熱？

微波爐方便又快速，但不是萬能的。小心！有些食物或容器放進微波爐加熱，可能會產生危險。

生雞蛋

用微波爐加熱後，雞蛋裡的水分變成水蒸氣，會衝破蛋殼，變成「炸蛋」。

餅乾

餅乾、麵包等食物的水分太少，如果加熱時間太久，會變得乾硬，甚至燒焦、起火。

葡萄

有些水果不適合用微波爐加熱，像是葡萄就可能會冒出火花。

雞腿

金屬罐裝飲料

把金屬放進微波爐加熱，會產生火花，或破壞微波爐。金屬餐具、鋁箔紙或任何帶有金屬的容器都不能用微波爐加熱。

辣椒

辣椒用微波加熱後，一打開微波爐的門，辣椒所含的刺激成分就會飄出來，傷害眼睛或喉嚨。

湯麵

白開水

把白開水放進微波爐中加熱，若加熱時間一長，會有突沸現象，水噴出來燙到臉或手。

結帳時要「嗶」一聲

嗶一聲，代表掃到條碼

在每一種商品的包裝上，都有一道黑白條紋組成的「條碼」。用條碼掃描器「嗶」一聲掃描條碼後，電腦就會找到商品的名稱和價錢。

條碼代表產品的編號，用掃描器掃描條碼，就不用手動輸入了喔！

條碼

4 717211 023556

鮮奶

50

鮮奶 50元

其他付款 代支 代收 統編 小記

取消 交易

現金

條碼掃描器

條碼掃描器發出紅光，是為了感應條碼的黑白條紋。當它感應成功，就會發出「嗶」的一一聲。

條碼為什麼是黑色和白色？

有效日期 2020.02.15
V01245063

拉開 ➡

4 717211 023556

品名:香濃鮮奶
原料:100%生乳
成分:乳脂肪含量3%以上
　　　非脂肪乳固形物8%以上
容量:350毫升

營養標示	
每一份量	350毫升
本包裝含	1份
每份	
熱量	200大卡
蛋白質	10公克
脂肪	11公克
飽和脂肪	8公克
反式脂肪	0公克
碳水化合物	15公克
糖	15公克
鈉	140毫克
鈣	310毫克

黑色會「吸收」所有的光線，白色會「反射」所有的光線，所以黑色加白色是最好的顏色組合，能讓掃描器清清楚楚的感應。

照在黑線條上的光會被吸收不見，照在白線條上的光會被反射回來，變成反射光。

條碼掃描器裡住著重要的三兄弟：
發光器、接收器和轉換器。

發光器

為了清楚的感應條碼，發光器負責朝著條碼發出紅光。

接收器

接收器負責接收反射回來的光，把光訊號轉變成電訊號後，傳給轉換器。

出發，去讀條碼吧！

變變變，把反射光變成電訊號！

進電腦完成任務吧！

轉換器

轉換器把電訊號修改成電腦看得懂的電腦訊號，送進電腦。

進到電腦以後呢？

電腦完成超級任務

最後在電腦中，黑線條的代號變成 1，白線條變成 0；透過 1 和 0 的各種不同排列，電腦在「嗶」一聲後，很快就能知道產品編號了！

產品資訊：

產品編號：4717211023556
商品名稱：香濃鮮奶
製造廠商：小行星牧場
價格：50元
容量：350毫升

使用條碼掃描器，方便又快速！

我們來扮演掃描器，看看這段條碼的編號是什麼？

我要玩！

解碼小遊戲

一組條碼總共有 95 個黑白線條，每 7 個格子組成 1 個數字。依照步驟進行解碼，就能知道這段條碼的編號。

1 請將黑線條上方寫 1，白線條上方寫 0，填滿所有格子。

1	0	0	1	1	1	0							

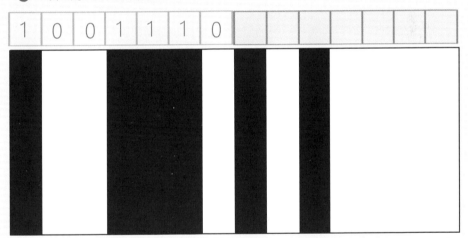

2 先將 **1** 的答案抄寫在下方 □□□□□□ 的格子中，再按照下面的對照表，找出對應的數字，填在 ◯ 中。

對照表

1100110=1	1101100=2	1000010=3	1011100=4	1001110=5
1010000=6	1000100=7	1001000=8	1110100=9	1110010=0

| 1 | 0 | 0 | 1 | 1 | 1 | 0 | = | 5 |

| | | | | | | | = | ◯ |

正確答案：1010000=6

妙妙喵與跳跳蟲小劇場

：妙妙喵，我的鉛筆好短，要買新的了！

：喔？鉛筆變短是為什麼，你記不記得我曾經講過的啊？

：當然記得，那是因為鉛筆的筆芯是「石墨」做的。寫字的時候，石墨會被凹凸不平的紙張表面刮下來，所以鉛筆就會越寫越短喔。

：真不錯！原來我回答的問題，跳跳蟲都有很認真聽。

：因為妙妙喵說的知識我都很喜歡啊。像是颱風是從哪裡來的？颱風是從熱帶的海上來的，熱帶的太陽把海水晒熱，變成水蒸氣，上升到空中，慢慢形成颱風。

：沒錯。那雞蛋為什麼圓圓的呢？

：因為「圓拱形」這個形狀特別耐壓，所以雞蛋要生成圓滾滾的，雞媽媽孵蛋時才不容易壓破雞蛋。

：好極了！那你還記得冰過的香蕉為什麼變黑？煮過的蝦子為什麼變紅色？

：因為香蕉是生長在熱帶，非常怕冷，如果把香蕉放進冰箱，香蕉皮會受傷、變黑，但它不是壞掉，裡面的香蕉還是可以吃。而蝦子會變色，是因為蝦子的外殼同時含有藍綠色的色素和蝦紅素。煮蝦子時，藍綠色的色素會被破壞，但是蝦紅素不會，所以蝦子的顏色就越煮越紅啦！

：不愧是跳跳蟲，認真學習又聰明。那我再問最後一個問題——腳踏車怎麼前進的？

：我們踩了腳踏板，腳踏板會帶動鏈條，鏈條帶動齒輪，然後齒輪又帶動輪子，車子就會前進啦～

：哈哈，太棒了！走吧，我們就騎腳踏車一起去買鉛筆吧！

：呦呼！我最愛騎腳踏車了！

●● 知識讀本館

妙妙喵圖解生活科學 2

超能微波爐

作者｜胡妙芬
繪者｜朱家鈺、呼拉王
責任編輯｜小行星編輯團隊、張玉蓉
版式設計｜蕭雅慧
美術編排｜李蕙如
封面設計｜陳宛昀
行銷企劃｜陳詩茵

天下雜誌群創辦人｜殷允芃
董事長兼執行長｜何琦瑜
媒體暨產品事業群
總經理｜游玉雪
副總經理｜林彥傑
總編輯｜林欣靜
行銷總監｜林育菁
主編｜楊琇珊
版權主任｜何晨瑋、黃微真

出版者｜親子天下股份有限公司
地址｜臺北市 104 建國北路一段 96 號 4 樓
電話｜（02）2509-2800 傳真｜（02）2509-2462
網址｜www.parenting.com.tw
讀者服務專線｜（02）2662-0332 週一～週五：09:00~17:30
讀者服務傳真｜（02）2662-6048
客服信箱｜parenting@cw.com.tw
法律顧問｜台英國際商務法律事務所・羅明通律師
製版印刷｜中原造像股份有限公司
總經銷｜大和圖書有限公司 電話：（02）8990-2588

出版日期｜2021 年 8 月第一版第一次印行
　　　　　2024 年 9 月第一版第四次印行
定　價｜320 元
書　號｜BKKKC184P
ＩＳＢＮ｜9786263050426（平裝）
訂購服務
親子天下 Shopping｜shopping.parenting.com.tw
海外・大量訂購｜parenting@cw.com.tw
書香花園｜臺北市建國北路二段 6 巷 11 號 電話（02）2506-1635
劃撥帳號｜50033356 親子天下股份有限公司

國家圖書館出版品預行編目（CIP）資料

妙妙喵圖解生活科學. 2, 超能微波爐/胡妙芬
文；朱家鈺，呼拉王圖. -- 第一版. -- 臺北市：
親子天下股份有限公司，2021.08
120面；17x23公分
注音版
ISBN 978-626-305-042-6(平裝)

1.科學 2.通俗作品

308.9　　　　　　　　　　110010187

本書全數篇章原刊載於親子天下
《小行星幼兒誌》的專欄〈小小探索家〉

立即購買 >